秦巴山区地质灾害
防治科普手册

主　编　范　文　李　培　熊　炜　曹琰波
副主编　邓龙胜　魏心声　柴小庆　于宁宇
　　　　张红梅　宋宇飞　祁顶朝

山东大学出版社
·济南·

图书在版编目(CIP)数据

秦巴山区地质灾害防治科普手册/范文等主编.
—济南:山东大学出版社,2021.5
ISBN 978-7-5607-6635-5

Ⅰ.①秦… Ⅱ.①范… Ⅲ.①山地-地质灾害-灾害
防治-中国-手册 Ⅳ.①P694-62

中国版本图书馆 CIP 数据核字(2020)第 102627 号

责任编辑	刘　彤
封面设计	牛　钧

出版发行	山东大学出版社
社　　址	山东省济南市山大南路 20 号
邮政编码	250100
发行热线	(0531)88363008
经　　销	新华书店
印　　刷	济南乾丰印刷有限公司
规　　格	850 毫米×1168 毫米　1/32
	2.75 印张　69 千字
版　　次	2021 年 5 月第 1 版
印　　次	2021 年 5 月第 1 次印刷
定　　价	52.00 元

前　言

秦岭,横亘于中国中部,是中华民族的祖脉和中华文化的重要象征,也是我国重要的能源矿产基地。同时,作为地壳运动最强烈的地区之一,秦巴山区形成了山高谷深的地形地貌、种类繁多的地层岩性和错综复杂的断裂构造,加之受到区域气象水文条件及剧烈的人类工程活动影响,使得该地区地质环境条件异常复杂,地质灾害频发。据统计,自 1980 年以来,陕南秦巴山区共发生滑坡、崩塌、泥石流等地质灾害近万起,造成逾 1.2 万人死亡,对该地区经济及社会发展造成了极大影响。识灾、避灾、防灾知识和技能的缺乏是灾害造成人员伤亡的主要原因之一。

地质灾害防治事关人民生命财产安全、社会经济可持续发展和社会稳定,有效地识灾、避灾、防灾是减轻地质灾害的重要手段。本手册旨在通过介绍滑坡、崩塌、泥石流等秦巴山区常见地质灾害及其主要防治手段,让山区受地灾威胁的人民群众了解和辨识常见地质灾害,增强公众识灾、避灾、防灾意识,掌握必要的防灾、避灾知识和技能技巧,积极参与到地质灾害的防治工作中去,保护秦巴山区人民群众的生命财产安全。

本手册依托"秦巴山区滑坡成因机理与监测预警技术"及作者们十余年在陕南秦巴山区的地质灾害研究成果,由范文、李培、熊炜、曹琰波、邓龙胜、魏心声、柴小庆、于宁宇、张红梅、宋宇飞、祁顶朝等撰写,主要围绕地质灾害基本概念、分布、危害、成因机制、识别、监测、预警与防治展开介绍,对秦巴山区滑坡、崩塌、泥石流等常见地质灾害知识进行科普宣传,可作为人民群众的科普读物,也可供从事地质灾害研究的专业技术人员参阅。

编　者

2020 年 5 月

目 录

第1章　秦巴山区地质灾害概况/1

第1章
秦巴山区地质灾害概况

秦巴山区一般指汉水上游的秦岭大巴山及其毗邻地区，范围跨越甘肃、四川、陕西、重庆、河南、湖北等六个省市。陕西省南部地区是秦巴山区的主体，界于东经105°29′~111°15′，北纬31°42′~34°33′之间，总面积达8.3138万平方千米，人口841万，2019年GDP达到3348.1亿元，是我国重要的能源矿产基地和我国南水北调、公路、铁路等重大工程的重点攻关区域。

同时，陕南秦巴山区也是我国地质灾害的高发区和重灾区，区内地质灾害发生频率高、分布范围广、形成数量多，不仅严重影响当地居民正常的生产生活，也长期制约着区内的经济发展。

根据陕西省环境监测总站的记录，陕南秦巴山区2001~2019年发生的地质灾害就有2699处（见图1.1）。特别是一些大型地质灾害，如山阳县中村镇碾沟村滑坡、安康市汉滨区大竹园镇七堰村滑坡、山阳县高坝镇桥耳沟村滑坡与佛坪县庙垭沟泥石流等，造成了重大人员伤亡和经济财产损失。

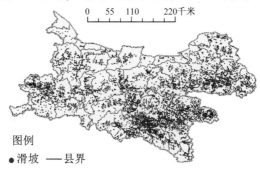

图例
●滑坡 ——县界

图1.1　陕南秦巴山区地质灾害分布

1.1 地质灾害的定义

地质灾害是指包括自然因素或者人为活动引发的危害人民生命和财产安全的山体崩塌、滑坡、泥石流、地面塌陷、地裂缝、地面沉降等与地质作用①有关的灾害。

地质灾害的分级是按地质灾害造成的人员伤亡、经济损失大小划分。

特大型：因灾死亡30人以上，或因灾造成直接经济损失1000万元以上的地质灾害。

大型：因灾死亡10人以上、30人以下，或因灾造成直接经济损失500万元以上、1000万元以下的地质灾害。

中型：因灾死亡3人以上、10人以下，或因灾造成直接经济损失100万元以上、500万元以下的地质灾害。

小型：因灾死亡3人以下，或因灾造成直接经济损失100万元以下的地质灾害。

1.2 秦巴山区地质灾害的类型

地质灾害共有12大类、48种，常见的地质灾害类型有：滑坡、崩塌、泥石流、地面沉降、地面塌陷与地裂缝等，陕南秦巴山区常见的地质灾害类型主要为滑坡、崩塌和泥石流。

1.2.1 滑坡

滑坡是指斜坡上的岩土体，因受河流冲刷、地下水活动、雨水浸泡、地震与人工切坡等因素影响，在重力作用

---

① 地质作用：在地质学中，把自然界中由各种动力引起的构造及地表形态等变化和发展的作用称为"地质作用"，例如岩石的风化、边坡落石、边坡垮塌等都属于地质作用。

下，沿着一定的软弱面或软弱带，整体或者分散地顺坡下滑的自然现象（见图1.2和图1.3），俗称"地滑""走山""垮山""垮坡""山剥皮""土溜"等。

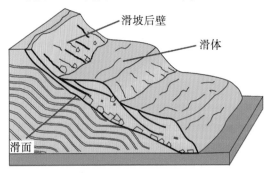

图1.2　滑坡示意图

图1.3　紫阳县双安镇贾家梁滑坡

　　滑坡滑动会携带大量的土石，有时会以很快的速度向下运动，但滑坡的发生并不是一蹴而就的，是一个渐进的过程，在该过程中会有某些征兆供我们判断滑坡的危险性。那么，滑坡是如何形成的呢？

　　滑坡的形成过程可分为四个阶段：蠕滑阶段、临滑阶段、剧滑阶段和停歇阶段。

蠕滑阶段：斜坡在破坏初期，坡体后缘往往会有细小裂缝，雨水沿裂缝渗入波体内，加速斜坡向滑坡的演变（见图1.4）。

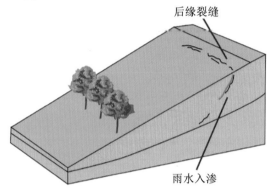

后缘裂缝

雨水入渗

图1.4 蠕滑阶段

临滑阶段：随着雨水的入渗，滑面摩擦力减小，后缘拉裂缝进一步扩张，有时出现陡坎和前缘鼓胀现象，进而导致前缘坡体树木倾倒、房屋墙体开裂等（见图1.5至图1.7）。这种情况下居民应立即撤离。

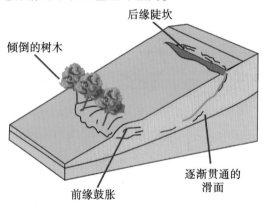

后缘陡坎

倾倒的树木

逐渐贯通的滑面

前缘鼓胀

图1.5 临滑阶段

图1.6　滑坡临滑阶段实景照

图1.7　临滑阶段裂缝（紫阳县城关镇新桃村）

　　剧滑阶段：随着坡体进一步破坏，滑面彻底贯通，若遇长时间降雨，雨水沿裂缝穿过滑面，从坡体前缘排出，造成滑面摩擦力进一步降低，滑坡开始滑动。不同滑坡滑动速率不同，有的滑动缓慢，经历数天时间，有的则会在短时间内滑动（见图1.8和图1.9）。

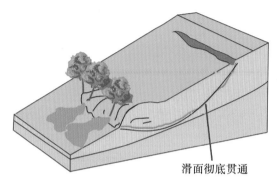

滑面彻底贯通

图 1.8　剧滑阶段

滑坡后缘台坎	石块滚落
（紫阳县东木镇油房村）	（紫阳县城关镇双台村）

图 1.9　剧滑阶段局部现象

停歇阶段：由于滑坡受外界条件影响较大，发展过程中随时可能由于条件不足而停止，在条件具备的情况下又会继续发展。

1.2.2　崩塌

崩塌是指陡坡上的岩体或土体在重力作用下突然从高处快速崩落、滚动或翻转下来，并堆积在坡脚或沟谷中的现象，又称"崩落""垮塌"或"塌方"（见图1.10）。崩塌往往具有突发性，发生在土体中的崩塌叫"土崩"，发生在岩体中的崩塌叫"岩崩"，秦巴山区以岩崩为主。

图 1.10　崩塌（丹凤县竹林关镇石槽沟）

　　虽然崩塌具有突发性，难以预测预防，但可从崩塌的形成条件、形成过程以及特征来判断崩塌的"藏身之处"。

　　崩塌的形成条件包括地形地貌、岩土体类型、地质构造和外部因素。

　　地形地貌：铁路边坡、公路边坡（见图 1.11）、工程建筑物边坡、各类人工边坡以及江、河、沟的岸坡都是引发崩塌的有利地貌部位，坡度大于 45°的高陡边坡、孤立山嘴或凹型陡坡均为崩塌形成的有利地形。

图 1.11　公路高陡边坡（紫阳县红椿镇白兔村）

　　岩土体类型：岩土体是产生崩塌的物质条件。不同类型的岩石所形成崩塌的规模不同，通常坚硬的岩石，如白云岩、灰岩、花岗岩与石英岩等可能会形成规模较大的崩塌；而片岩、板岩、千枚岩、泥岩、页岩与泥灰岩等较软弱岩石，往往以坠落和剥落为主，形成的崩塌规模较小。

地质构造：断层、层面和节理等构造面对岩体的切割、分离破坏，为崩塌的形成提供了边界条件。坡体中裂隙越发育，代表坡体"伤痕"越多，"病情"越严重，越易产生崩塌（见图1.12和图1.13）。

（1）碎石滚落　　　　　　（2）岩体破碎
（紫阳县红椿镇紫阳村）　（紫阳县红椿镇白兔村）

图1.12　崩塌局部

图1.13　崩塌隐患（山阳县中村镇烟家沟）

外部因素：降雨、地震与不合理的人类工程活动（如开挖坡脚、地下采空、堆渣填土、采矿爆破等）等因素，会降低坡体的稳定性，诱发崩塌灾害。

崩塌的形成过程为：崩塌体后部出现裂缝；裂缝不断扩展，并产生新的裂缝；裂缝贯通并与岩体内部结构面组合，坡面出现变形破裂，甚至有小面积土石剥落；崩塌体解体发生倾倒和崩落，在运动中滚落或跳跃，在坡脚处形成崩塌堆积体（见图 1.14）。

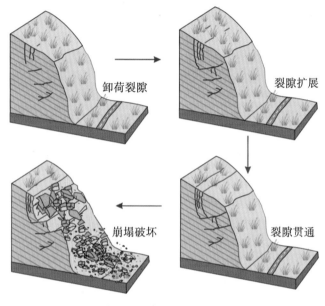

卸荷裂隙

裂隙扩展

崩塌破坏

裂隙贯通

图 1.14　崩塌的不同阶段

崩塌的特征为：与滑坡相比，崩塌体运动速度更快；规模差异大；崩塌体各部分相对位置完全打乱，翻滚较远，形成大小混杂的堆积物，堆积于坡脚。

1.2.3　泥石流

泥石流是泥土、碎石等与大量的水混合后，受重力作用，沿着斜坡或沟谷流动的现象。泥石流的特点是规模巨大、危害严重、波及面广。它的运动形态和过程介于滑坡和洪水之间，有时发育于沟谷上游，往往在下游毫无征兆的情况下以较快的运移速度（5~20 m/s）将大量泥沙块石搬运到下游，危害性极大且易重复成灾（见图 1.15）。

图 1.15　典型的泥石流沟（山阳县中村镇上金狮剑村）

　　同样，对泥石流的形成条件、形成过程与特征等有清晰的认识可以帮助我们判断强降雨期间沟谷发生泥石流的可能性。

　　泥石流一般可分为形成区、流通区和堆积区。在形成区，泥沙、碎石、弃渣等堆积物或浅表层滑坡较多，具有丰富的物源基础，在暴雨或其他给水条件下，物源发生流动，经过狭长的流通区加速并冲出沟口产生堆积（见图1.16）。需要注意的是形成、流通、堆积区并没有明确的界限。

图 1.16　泥石流分段实景（镇巴县兴隆镇水田坝村）

泥石流的形成条件包括陡峻的地形、丰富的松散堆积物和充沛的水源。

陡峻的地形：上游形成区的地形多为三面环山，常呈瓢状或漏斗状，有利于水和碎屑物质的集中；中游流通区的地形多为狭窄陡深的峡谷；下游堆积区的地形为开阔平坦的山前平原或河谷阶地。

丰富的松散堆积物：泥石流常发生于地质构造复杂、断裂褶皱发育、新构造运动强烈、地震烈度较高的地区。这些区域地表岩石破碎，崩塌、滑坡等不良地质现象多，为泥石流的形成提供了丰富的固体物质来源。另外，岩层节理发育、结构松散、易于风化或软硬岩石相间的地区，岩石易破坏，也能为泥石流提供丰富的碎屑物源。开山采矿、采石及建设工程不合理弃渣等，也为泥石流提供了大量的物源（见图 1.17）。

图 1.17　弃渣形成的松散固体物质（潼关县桐峪镇大西岔沟）

充沛的水源：水既是泥石流的重要组成部分，又是形成泥石流的激发条件（动力来源之一）。形成泥石流的水源有暴雨、冰雪融水和水库溃决等形式。秦巴山区泥石流的水源主要是强降雨。

1.3　秦巴山区地质灾害成因

地质灾害的成因可分为地质因素和影响因素（如降雨、切坡、地震等）两类（见图1.18）。如果把发生地质灾害比喻为感冒生病，那么内因就是虚弱的身体，而外因就是降温、季节变换、过敏等因素。

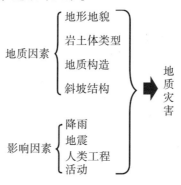

图 1.18　地质灾害成因

引起地质灾害的外因主要有降雨、地震与切坡等，要因灾而异；而对于内因，不同地区孕育地质灾害的条件也要因地而异，对于秦巴山区，沟壑纵横的地形地貌、多变的地层岩性与错综复杂的地质构造，共同造就了其孕育地质灾害的有利条件。那么，秦巴山区复杂的地质条件是从何而来的呢？这需要从秦巴山区的地质演化历史说起。

1.3.1　秦巴山区的地质演化历史

秦岭地质构造复杂，关于秦巴山区的起源及形成过程众说纷纭，张国伟院士关于秦巴山区形成过程的观点认为，秦岭造山带的基本构造格局（见图 1.19）所示，主要包括华北、秦岭与扬子三个板块以及板块碰撞边界处的两个断裂缝合带。三个板块经早古生代加里东板块俯冲期，于晚海西—印支期碰撞造山完成拼合，之后又经历中新生代强烈陆内造山作用叠加复合，共同构成秦岭的基本构造面貌。

图 1.19　陕南秦巴山区构造背景图

在距今 4.5 亿年前（奥陶纪），秦岭微板块和扬子板块还是一个整体，由于地幔抬升导致地表隆起，扬子板块和华北板块随之以商丹断裂带为界逐渐发生分离扩张，这时的秦巴山区还是一片汪洋大海，普遍接受着海相沉积，同时伴随着火山的喷发和火成岩的入侵，形成了后来区内遍布的碳质板岩、碳质泥岩、碳酸盐岩以及花岗岩等（见图 1.20）。

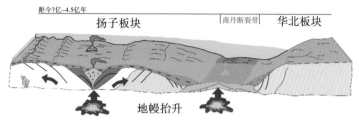

图 1.20　秦巴山区板块碰撞造山第一阶段

在距今 4.5 亿年到 3.6 亿年，地幔抬升还在持续，扬子板块内部脆弱部分发生断裂，形成勉略断裂带。断裂带以北形成后来的秦岭微板块，而断裂带附近形成许多断陷盆地，并持续接受着海相沉积。此时，秦岭微板块开始向北运动，与华北板块发生碰撞、俯冲，引起岩体强烈变形变质（见图 1.21）。

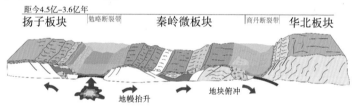

图 1.21　秦巴山区板块碰撞造山第二阶段

在距今 3.6 亿年到 2.4 亿年这一阶段，受到晚海西—印支碰撞造山运动的影响，扬子板块开始向北运动，对秦岭微板块进行俯冲挤压，同时形成多期逆冲断裂，秦岭微板块内的岩体受强大的挤压作用而强烈变形变质。在板块缝合带附近，板块全面碰撞俯冲挤压引起地表隆升，形成了高耸的大型山脉（见图 1.22）。

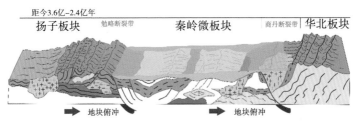

图 1.22　秦巴山区板块碰撞造山第三阶段

　　在距今 2.4 亿年到 6500 万年前，秦岭山区再次发生广泛强烈的陆内俯冲并发育多期逆冲断裂，强烈的挤压使岩体变质作用加剧，同时伴随上述构造作用发生了强烈的花岗岩岩浆活动，以华北板块南缘最为突出（见图 1.23）。

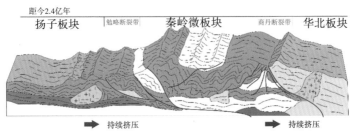

图 1.23　秦巴山区陆内俯冲造山

　　自中生代晚期（距今 6500 万年）以来，在长期挤压作用下，发生了全区性的强烈伸展隆升和花岗岩岩浆活动，最终形成了现今高大雄伟的秦岭山脉。

　　综上所述，由于受到多期不同构造作用，尤其是板块运动导致的多期次碰撞与强烈的陆内造山作用，秦巴山区的岩体构造异常复杂且变化多样，岩体的变质作用在不同地区分布极不均匀，这就为秦巴山区频发的地质灾害埋下了伏笔。

1.3.2 地质因素

1.3.2.1 地形地貌

在对秦巴山区的起源有了大致了解后，我们可以将地质灾害的成因（内在因素）归结为沟壑纵横的地形地貌、种类繁多的地层岩性、错综复杂的断裂构造、强烈的风化作用和不同组合形式的斜坡结构等。这些内在因素使得秦巴山区地质灾害多发、频发且难以预测预防。

第三纪以来，受板块挤压作用，秦巴山区在整体抬升时形成了不同的地形。在太白山—玉皇山—终南山—华山一带，遍布火成岩、灰岩等坚硬岩体，形成了高山林立的高海拔山区。断裂将岩体进行了平整的切割，比如华山，经过断层切割后切面光滑，断层没有进一步对岩体造成损害，岩体完整性较好。而在略阳—佛坪—宁陕—山阳—商州—镇巴—紫阳—岚皋一带广泛分布着较为软弱的浅变质岩，在断裂作用下形成多个断陷盆地，如洛南盆地、商丹盆地、安康盆地等（见图1.24）。软弱岩体在发生断裂时会产生更大的变形破坏，加上低海拔、发达的水系，使得灾害频发，成为秦巴山区地质灾害的重灾区。

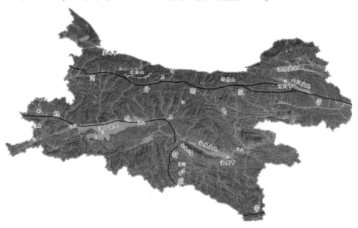

图1.24 秦巴山区断陷盆地分布示意图

从图 1.25 可以看出，区内地质灾害基本上都集中在中低山区，以浅表层滑坡为主，而高山区的地质灾害主要以大型岩质滑坡、崩塌为主。

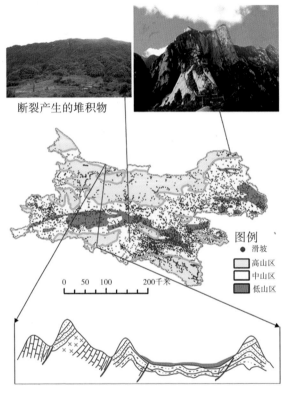

图 1.25　秦巴山区地形纵剖面示意图

1.3.2.2　岩土体类型

岩土体类型是发生地质灾害的重要原因。对秦巴山区不同性质的岩石按照其组成成分、坚硬程度、层理厚度等进行分类组合，可以得到性质相似的岩组。

块状坚硬岩组：主要为火成岩，块状结构，抗压强度高，构造作用下易发生断裂，主要发生崩塌。

中厚层状坚硬碳酸盐岩组：主要有白云岩、灰岩、泥

质灰岩等，岩石致密硬脆，岩溶现象较多。

片状、块状变质岩组：主要为片岩、千枚岩、板岩，岩质软弱，构造作用下变形较强烈。

软弱薄层状变质岩组：主要为泥质板岩、千枚岩、片岩等，构造作用下变形强烈，破损严重，遇水易发生滑坡，是区内主要的滑坡孕育岩组。

图 1.26 是地质灾害与岩组分布的关系图。可以看出，灾害的分布基本集中在岩性软弱、断裂发育的区域中，岩组和断裂共同决定着地质灾害的分布规律。

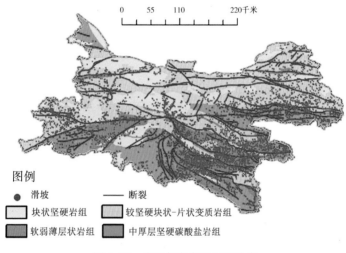

图 1.26 岩组与灾害的空间分布

1.3.2.3 构造作用

在多期板块碰撞和造山的影响作用下，区内岩石像面团一样被反复揉皱，导致岩层间不再胶结完整，岩体完整性降低，强度也大大减弱，提高了地质灾害的发生概率。

图 1.27 为类型繁多的地质灾害。

图 1.27　类型繁多的地质灾害

构造作用对岩石产生的变形如图 1.28 所示。

图 1.28　构造作用对岩石产生的变形（紫阳县焕古镇焕古村）

对于区内硬脆性岩体，强大的挤压力可能并没有将其揉皱，而是将这些能量储存在了岩体中，当进行隧道开挖等工作时，能量的突然释放可能会形成岩爆（见图1.29），危及施工人员的安全。

图1.29　岩　爆

当构造作用对岩石的挤压变形超过岩石的承载能力时，岩石就会发生断裂，从而形成断层，而断层之间则是变形严重的岩体，大大小小的断裂夹着变形强烈的岩石就像疏松的木材，还被锯开许多缝隙，极易发生破坏，诱发地质灾害。图1.30为兴隆大断裂。

图1.30　兴隆大断裂

图1.31展示了秦巴山区灾害分布与断裂的关系。可以看出，灾害多沿着断裂分布，空间上有很强的相关性，但山区西北部这种相关性不强，这主要是因为该区西北部分布着

灰岩、火成岩等硬岩，岩体的完整性较好，在被断裂切割后仍有很高的强度，所以灾害发生的频数较低。

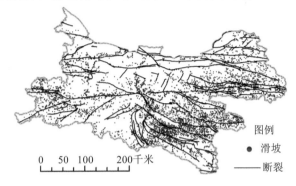

图例

● 滑坡

—— 断裂

0　50　100　　200千米

图 1.31　断裂与灾害的分布关系

　　断裂对岩石性质的削弱还体现在可使岩体加速风化。秦巴山区大型断裂带的长度往往在几十千米甚至上百千米，断层的宽度从几米到几十米，甚至可以达到几百米，称为"断层破碎带"断层破碎带由极为松散的碎石或完整性较差的岩石填充，地下水可以沿着破碎带快速运移。如果把断层比喻为我们身体的血管，水则是血液，入渗的水通过断层运移到岩层中，使岩层加速风化，这种断层—地下水—风化的过程正是断层对地质灾害促进作用的主要表现。

　　图 1.32 为断层导水示意图。

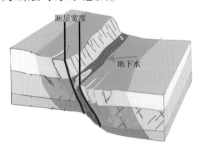

断层宽度

地下水

图 1.32　断层导水示意图

图 1.33 为断层附近的渗水现象。

图 1.33　断层附近的渗水现象（紫阳县红椿镇侯家坪村）

1.3.3　影响因素

1.3.3.1　降雨

陕南秦巴山区属温带半湿润大陆性季风气候区，降雨与时间关系密切。降雨多集中在 7~9 月，年降雨量多在 700~1000 mm（见图 1.34）。其中，汉中、安康以南是主要的降雨区域，降雨量最高出现在汉中南部以及汉中安康交界的镇巴、紫阳等县。长历时降雨或暴雨、特大暴雨会引发山洪、滑坡、泥石流等山地灾害（见图 1.35）。

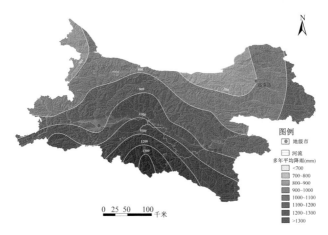

图 1.34　秦巴山区多年平均降雨量等值线图（2000~2019 年）

图 1.35　降雨诱发地质灾害

诱发浅表层滑坡的降雨类型主要有短时强降雨和连续强降雨。短时强降雨是指 12 h 之内，雨强大于 10 mm/h，降雨持续时间短，累计降雨量超过 60 mm；连续强降雨一般指 48 h 之内出现两次或多次强降雨，雨强 20~40 mm/h，累计降雨量超过 100 mm。秦巴山区典型降雨过程如图 1.36 所示。

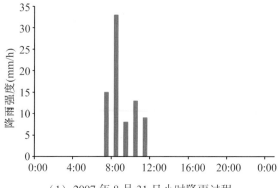

（1）2007 年 8 月 31 日小时降雨过程

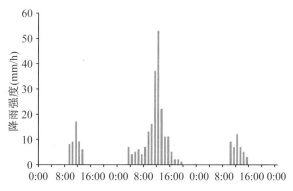

（2）2000 年 7 月 12~14 日小时降雨过程

图 1.36　秦巴山区典型降雨

　　2010 年 7 月 16~18 日，安康市汉滨区大竹园镇七堰村遭受历史上罕见的暴雨袭击，18 日 20:30 该村一组寨子湾沟发生大型滑坡灾害（见图 1.37），造成 29 人死亡或失踪，75 间房屋被损毁。根据当地气象资料，16~18 日该村附近累计降雨达 267 mm，仅 18 日 8:00~20:00 时段 12 h 降雨量达 106 mm，降雨强度属特大暴雨。

图1.37　七堰村寨子湾沟滑坡

　　2010年7月23~24日，山阳县遭遇强降雨天气，导致位于山阳县高坝镇桥耳沟村桥耳沟上游的西沟山体发生多处滑坡，造成6人死亡、19人失踪、3人受伤，38户185间房屋被毁（见图1.38）。据山阳县气象资料，7月降雨量达到了251.9 mm。桥耳沟村自7月16日以来持续强降雨，其中仅24日2:00~11:00时段降雨量达190 mm，为百年一遇的暴雨。

图1.38　山阳县高坝镇桥耳沟村山体滑坡

1.3.3.2　人类工程活动

　　近年来，人类工程活动愈加强烈，城镇、工业、交通、工程建设以及矿山开采和土地开垦等不同程度地改变了地质环境的原有面貌，引发各种地质灾害，严重影响当地居民的正常生活，并对居民的生命财产安全构成重大威胁。

　　秦巴山区人类工程活动主要体现在以下三个方面。

　　第一，开垦种地。陕南秦巴山区由于地形条件限制，当地农民在山坡上大规模垦坡种地，加速了水土流失，使

区内环境恶化，导致滑坡、泥石流等灾害日益加剧，如图
1.39 所示。

图 1.39　耕种导致的山体滑坡（镇巴县兴隆镇水田坝村）

　　第二，工程建设。秦巴山区有众多大型工程在开展，
如西武高铁、西渝高铁以及引汉济渭工程等（见图 1.40 和
图 1.41），公路、水电站遍布。大量的工程建设及不合理
的削坡建房，破坏了山体斜坡稳定性，在降雨诱发下，极
易引发地质灾害。

图 1.40　穿山而建的铁路

图 1.41　陕西省引汉济渭工程

第三，矿产开发。秦巴山区矿产业发展迅速，目前拥有矿点 548 处，主要矿产有毒重石、板石材、锰矿、石灰岩等。采矿活动会对山体斜坡稳定性产生不良影响，易诱发滑坡、崩塌等地质灾害。同时，矿渣不合理堆放于斜坡、沟谷之中，在暴雨作用下，易引发泥石流、水石流等灾害（见图 1.42）。

图 1.42　潼关县桐峪镇大西岔沟矿渣堆积引起的泥石流隐患

第2章
秦巴山区典型地质灾害

如前所述，秦巴山区易发灾害主要为滑坡、崩塌、泥石流等，滑坡是最主要的地质灾害，据调查，区内滑坡灾害占到全部灾害的90%以上，其中以浅表层滑坡灾害最为常见（见图2.1）。

紫阳县焕古镇松河村滑坡　　紫阳县蒿坪镇森林村滑坡

图2.1　秦巴山区典型浅表层滑坡

2.1　浅表层滑坡灾害

2.1.1　浅表层滑坡的特点

浅表层滑坡是指滑坡厚度小于10 m的滑坡，秦巴山区浅表层滑坡占滑坡总数的95%以上。例如，紫阳县发育的791处滑坡中有776处为浅表层滑坡，占比98.1%；旬阳县浅表层滑坡占滑坡总量的97.6%。需要指出的是，秦巴山区大部分沟谷型泥石流也是由浅表层滑坡转化而来的。

浅表层滑坡具有群发性、链生性、灾种转化性和混杂性特点。

2.1.1.1　群发性

由于浅表层一定范围内的斜坡结构、地质条件、应力分布基本相同，加之已滑斜坡对相邻斜坡起不到支撑作用，而且还会产生向下拖拽等不良影响，故浅表层滑坡易成群、成片发育，如周至县甘峪湾滑坡群、紫阳县洪山镇滑坡群、紫阳县蒿坪滑坡群（见图 2.2 和图 2.3）。

图 2.2　周至县甘峪湾滑坡群　　图 2.3　紫阳县蒿坪滑坡群

2.1.1.2　链生性

链生性主要体现在同一地质灾害可诱发或伴生其他灾种。比如：发生滑坡时伴随崩塌，或崩塌的同时伴随滑坡，即出现所谓的"滑塌"或"崩滑"现象；在强降雨条件下，崩塌、滑坡产生的松散堆积物同时是形成泥石流的重要物质来源；在发生泥石流时，随着泥石流对沟岸斜坡的撞击、冲蚀和削坡作用，诱发沟岸两侧滑坡、崩塌发生。如略阳马桑坪火药台滑坡，坡体上部较缓，以滑坡为主，下部坡度变陡，则以崩塌为主（见图 2.4）。

图 2.4　略阳马桑坪村崩滑组合型灾害

2.1.1.3 灾种转化性

灾种转化性主要是指由沟内浅表层滑坡转化为泥石流。沟内滑坡一方面为泥石流提供必要的物源，另一方面会阻塞雨水通道，形成淤塞，当能量聚集到一定程度就可能发生泥石流。比如安康市汉滨区大竹园镇七堰村地质灾害，初始阶段为暴雨作用下沟谷上游引发滑坡灾害，滑坡堆积物为泥石流提供了物源，最终演化成更大规模的泥石流灾害，造成沟口民房被毁，29 人死亡或失踪（见图 2.5）。

图 2.5　安康市七堰村滑坡转化为泥石流

2.1.1.4 混杂性

由于岩体风化、破碎程度不一，使得区内滑坡多数都以崩、滑以及坡面泥石流混合的形式发生，滑面形状既不同于土质滑坡的圆弧状，也与典型岩质滑坡的单一直线型滑面存在较大区别（见图 2.6）。

图 2.6 差异性风化形成的土石堆积体

2.1.2 浅表层滑坡的破坏模式

秦巴山区浅表层滑坡灾害的破坏模式主要有八种，分别为：

（1）土石混合体层内圆弧滑动式破坏；

（2）二元结构顺层平滑破坏；

（3）坡面流滑破坏。

（4）顺层蠕滑—拉裂渐进式破坏；

（5）顺层"弯曲—溃屈"破坏；

（6）顺陡倾结构面拉裂滑移破坏；

（7）弯折—倾倒破坏；

（8）拉张—剪切坐落破坏。

上述破坏模式是基于岩石建造、岩组、岩体结构及工程地质性质总结的斜坡变形破坏模式。分述如下。

2.1.2.1 土石混合体层内圆弧滑动式破坏

该破坏模式在松散堆积斜坡结构中较为常见。在重力作用下，斜坡向临空面蠕动，斜坡表面发生应力集中，在坡体后缘形成拉裂缝。在风化、降雨作用下，后缘裂缝不断向坡体内部发展，并开始扩张，随着水的下渗，下部岩土体不断软化，坡体蠕滑加剧，滑移面进一步贯通。随着时间推移，斜坡变形进入破坏阶段，坡脚部分隆起，后缘下沉，坡体发生滑移，最终破坏（见图2.7）。

紫阳县双安镇闹热村土石混合体滑坡

紫阳县双安镇闹热村滑坡剖面图

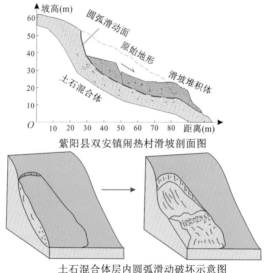

土石混合体层内圆弧滑动破坏示意图

图2.7 土石混合体层内圆弧滑动式破坏

2.1.2.2 二元结构顺层平滑破坏

二元结构顺层平滑破坏是指坡体沿已有岩层面向临空方向产生剪切位移引起坡体滑移的一种破坏方式。该模式多发生于二元结构顺倾斜坡,滑移面往往为岩土体基覆接触面。斜坡滑动时从坡脚临空面启动,然后逐渐向上发展(见图2.8)。松动的坡体在暴雨和特大暴雨条件下,可产生大规模滑动。

紫阳县红椿镇白兔村钢丝桥滑坡

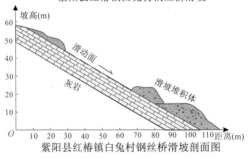

紫阳县红椿镇白兔村钢丝桥滑坡剖面图

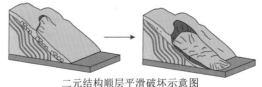

二元结构顺层平滑破坏示意图

图 2.8 二元结构顺层平滑破坏

2.1.2.3　坡面流滑破坏

坡面流滑破坏指的是在降雨作用下，坡体表面岩土体以带状形式或漫流式在坡体浅表层形成的流滑破坏。该类滑坡滑动具有连续性、重复性、规模小、流速慢等特点。该破坏模式无固定滑面、滑体一般零散碎落，所造成的危害一般较小（见图2.9）。

镇巴县张家湾滑坡全貌

镇巴县张家湾滑坡剖面图

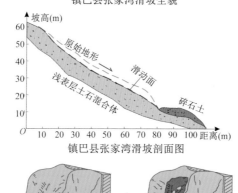

坡面流滑破坏示意图

图2.9　坡面流滑破坏

2.1.2.4 顺层蠕滑—拉裂渐进式破坏

该破坏模式是指层间软弱岩层或层面为主要控制面的顺层蠕滑造成岩体产生拉裂变形，导致斜坡岩体顺坡往临空方向进行蠕滑，坡体后缘发育形成拉张裂缝。在降雨及风化作用下，裂缝不断向下扩展，在水的润滑作用下，软弱结构面进一步软化，坡体蠕滑加剧。随着蠕滑的发展，坡体拉裂面向深处扩展到潜在剪切面，斜坡变形进入累进破坏阶段。当斜坡变形不断增大坡体抗滑力降低到一定程度时，坡体最终沿软弱结构面滑动，发生破坏（见图2.10和图2.11）。

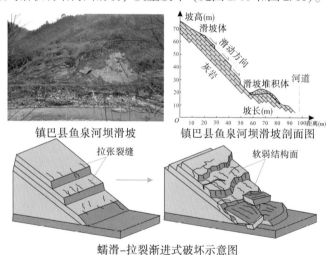

镇巴县鱼泉河坝滑坡　　　　镇巴县鱼泉河坝滑坡剖面图

蠕滑-拉裂渐进式破坏示意图

图2.10　顺层蠕滑—拉裂渐进式滑坡

紫阳县红椿镇白兔村滑坡　　　旬阳县尧柏水泥厂滑坡

图2.11　秦巴山区典型的顺层蠕滑—拉裂渐进式滑坡

2.1.2.5 顺层"弯曲—溃屈"破坏

顺层"弯曲—溃屈"破坏主要发生于顺倾斜坡，上部岩土体在长期重力作用下顺片理面中的软弱带顺层滑动，下部岩层之间错动加剧，坡体前缘部分岩体发生破碎，坡脚在挤压作用下发生弯曲隆起现象（见图2.12）。

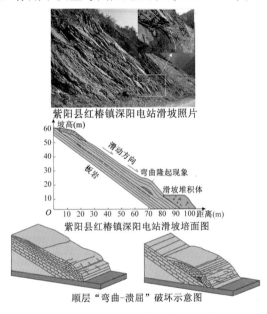

图2.12 顺层"弯曲—溃屈"破坏

2.1.2.6 顺陡倾结构面拉裂滑移破坏

以陡倾结构面为拉裂面，向斜坡临空方向产生变形。陡倾结构面一般为倾角陡立的节理面或因公路开挖在陡峻基岩斜坡卸荷形成的顺坡向卸荷裂隙等。在秦巴山区，该种破坏多发生在缓倾层状结构斜坡，坡体前缘在重力作用下向临空面蠕动，后缘陡倾结构面进一步拉张，同时坡体下部软弱岩层受上覆岩体重力挤压而发生压缩变形，导致上部岩体顺陡倾结构面拉开而向临空方向产生破坏（见图2.13和图2.14）。

图 2.13 陡倾结构面（旬阳县王庙沟）

旬阳县王庙沟滑坡照片

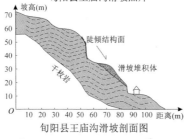

旬阳县王庙沟滑坡剖面图

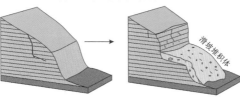

顺陡倾结构面拉裂滑移破坏示意图

图 2.14 顺陡倾结构面拉裂滑移破坏

2.1.2.7　弯折—倾倒破坏

　　弯折—倾倒破坏是层状、陡倾岩体在重力作用下向临空面发生弯曲折断，多发生在薄层岩层或软硬相间的坡体结构中（见图 2.15 和图 2.16）。

图 2.15　弯折—倾倒破坏（周至县黑河）

镇巴县兴隆镇盘头山滑坡

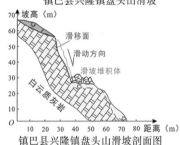

镇巴县兴隆镇盘头山滑坡剖面图

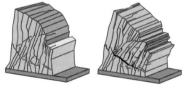

弯折—倾倒破坏示意图

图 2.16　弯折—倾倒破坏

2.1.2.8 拉张—剪切坐落破坏

拉张—剪切坐落破坏主要发生在坡度较高、坡角较大的斜坡，坡体产生向坡外的运动趋势，岩体沿交织结构面产生相对运动，发生剪切座落破坏（见图2.17）。该种破坏模式多发生在岩层厚度较大、块状或块状镶嵌结构斜坡中，如石灰岩、砂岩、厚层片麻岩、板岩以及含柱状节理的岩浆岩等斜坡。另外，软弱碎裂结构边坡也易发生这种破坏。

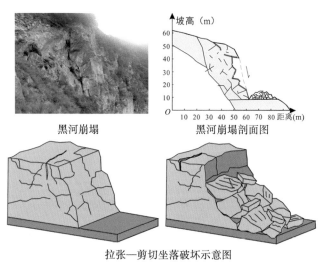

黑河崩塌　　　　　　　　黑河崩塌剖面图

拉张—剪切坐落破坏示意图

图2.17　拉张—剪切坐落破坏

2.2　重大地质灾害案例

2.2.1　山阳县中村镇烟家沟碾沟村滑坡

2.2.1.1　滑坡概况

2015年8月12日0:30许，陕西省山阳县中村镇烟家沟碾沟村发生特大型山体滑坡灾害，滑坡体掩埋了中村钒矿15间职工宿舍及3间民房，造成8人死亡，57人失踪。

2.2.1.2 灾害规模

滑坡位于陕西省商洛市山阳县中村镇以南的烟家沟沟内，为大西沟与烟家沟的交界处。滑坡后壁顶面高程约1263 m，剪出口高程1015~1075 m。滑体长约550 m、宽约130 m、厚10~40 m，滑坡堆积区的平面形态为斜长的喇叭形，面积约$7.5×10^4$ m^2，体积约$1.68×10^6$ m^3。滑坡体成分主要为白云岩块体，单个块体最大体积约161 m^3，自滑坡堆积体后缘到前缘块体粒径由大变小，前缘为粉碎性的白云岩、炭质黏土岩、硅质岩和矿渣组成的细粒混合堆积物（见图2.18至图2.20）。

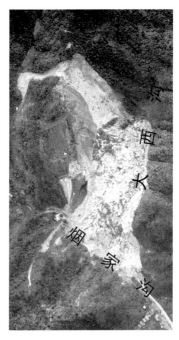

图2.18 山阳县中村镇烟家沟滑坡影像

图 2.19 滑坡发生前后及剖面图

图 2.20　滑坡堆积体

2.2.1.3　灾害发生过程

　　山体整体失稳下滑，在烟家沟支沟左侧山体的阻挡下，滑体碰撞后改变运动路径，沿沟谷下游运动，掩埋了位于沟谷两侧的民房和采矿职工住宿区。当滑体运动至支沟与烟家沟的交界处时，受到烟家沟右侧山体的阻挡，滑体运动方向产生第二次改变，沿烟家沟下游方向运动并掩埋了位于沟谷右侧的采矿职工住宿区，最大滑移距离 600 m，最终随着能量的耗尽而停止运动（见图 2.21）。

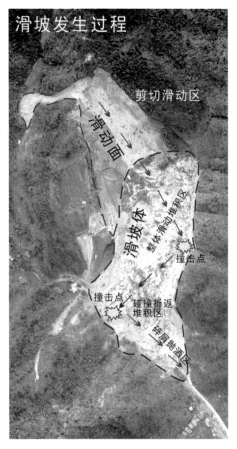

图 2.21　滑坡发生过程

2.2.1.4　灾害成因分析

地形地貌因素：原始山体是一陡倾顺层岩质斜坡，坡体后部、东侧和坡面三面临空，形成长条状凸出的地貌形态，前方为一深切"V"形沟谷（大西沟），山体高程970~1300 m，高差330 m，具备滑坡形成的地形地貌条件（见图2.22）。

图 2.22　滑坡发生前地形地貌

地层岩性分布因素：滑坡体为上硬下软的地层结构，滑面以上为坚硬的白云岩，滑面以下为岩性较软弱的黏土岩和硅质岩，两套地层的产状与斜坡坡向一致，构成顺坡向地层结构。上部白云岩强度大、变形小，下部黏土岩和硅质岩的岩性相对软弱破碎，强度小、变形大（见图 2.23）。该坡体的地层组成为滑坡的形成提供了极为有利的条件。

图 2.23　"上硬下软"的地层结构

岩体结构面因素：结构面是切割岩体的各种地质界面的统称，是一些具有一定方向、延展较广较薄的二维地质界面，表现为层面、沉积间断面、节理、裂隙等。

该滑坡岩体中发育了三组结构面。第一组为"上硬下软"两套地层的接触面，构成了两套地层间的软弱结构面，为滑坡的形成提供了天然的顺层滑动面；第二组为节理面，形成于原始斜坡东侧陡壁，并为滑坡的形成提供了西侧分离面（见图2.24）；第三组也为节理面，从横向上分割了坡体岩石，岩体被切割成块状，降低了坡体的整体稳定性，容易造成前缘倾倒滑移，并为滑坡的形成提供了前缘临空面（见图2.25）。三组软弱结构面为滑坡的形成提供了顺层滑动面和临空面。

图2.24　斜坡岩体结构面特征　　图2.25　第三组结构面（裂缝）

降雨与地下水因素：如前所述，滑坡区白云岩岩体发育有节理裂隙，这些节理除分割岩体、降低岩体强度外，还为降水入渗提供了良好通道（见图2.26）。软弱黏土岩遇水后起到软化和润滑作用，有利于滑坡的形成。

图 2.26 滑坡右侧地下水出露

综上，在地形地貌、地层岩性组合、岩体结构面与水等自然地质因素共同作用下，引发了这次大型岩质滑坡。由于滑体物质主要为坚硬的白云岩，破坏时属于脆性断裂，滑坡发生时速度很快，加之滑坡发生于凌晨，大部分矿区人员来不及撤离，造成较大人员伤亡。图 2.27 为滑坡发生后房屋被掩埋情况。

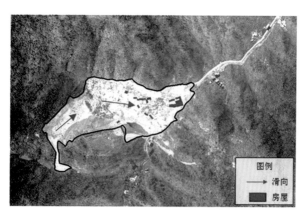

图 2.27 滑坡发生后房屋被掩埋情况

2.2.2　安康市汉滨区大竹园镇七堰村滑坡

2.2.2.1　滑坡概况

2010 年 7 月 18 日 20:06，安康市汉滨区大竹园镇七堰村一组寨子湾沟发生滑坡灾害（见图 2.28）。在暴雨袭击下，滑坡堆积物迅速转化为泥石流，造成 29 人死亡或失踪，损毁房屋 75 间，造成经济损失 273 万元。

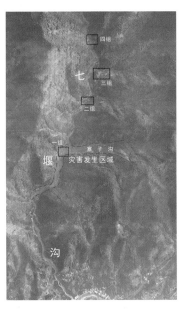

图 2.28　七堰村滑坡影像

2.2.2.2　灾害规模

七堰村滑坡体长约 120 m，宽约 80 m，厚 12～15 m，体积约 $10\times10^4 \text{ m}^3$，为一中型岩质滑坡。原始斜坡平均坡度约 43°，上、下部较陡，中间平缓，滑坡中部原有一小冲沟，村民沿坡体开垦耕地，后退耕还林。滑坡平面形态呈扇形，滑坡后壁顶部高程约为 780 m，滑体底部（即原寨子沟沟底）高程约 663 m，原沟底深度超过 110 m，滑坡体后缘高程约 780 m，前缘高程约 683 m，滑坡体相对高差约 97 m（见图 2.29）。

图 2.29　七堰村滑坡全貌

2.2.2.3　灾害破坏情况

七堰村滑坡发生时，破碎岩体急速下滑，冲入寨子沟，形成高速碎屑流并对沟两侧形成铲刮，滑行约 300 m，冲毁沟口的七堰村一组房屋、农田和道路，造成输电线路中断，部分较大的块体在自重作用下逐渐堆积在寨子沟内，较小块体随雨水冲入七堰沟，并堵塞七堰沟形成小型堰塞体，后被强降雨冲毁，如图 2.30 至图 2.33 所示。

图 2.30　损毁房屋

图 2.31 冲毁农田

图 2.32 损坏道路

图 2.33 中断输电线路

2.2.2.4 灾害发生过程

受特大暴雨影响，寨子沟上游发生滑坡，约 $10×10^4 m^3$ 土体沿 203°方向冲入寨子沟；

滑坡土体沿 120°方向滑行约 300 m，形成泥石流，掩埋七堰村一组，造成人员伤亡；

泥石流强烈撞击七堰沟右岸，改变方向，沿 60°方向在七堰沟内流动约 500 m。

图 2.34 为灾害发生过程示意图。

图 2.34 灾害发生过程示意图

图 2.35 为滑坡堆积体。

图 2.35 滑坡堆积体

2.2.2.5　灾害成因分析

　　地形地貌影响：七堰村滑坡位于七堰村寨子湾沟上游东北侧斜坡陡壁上，寨子湾沟呈不对称"V"形，北缓南陡，两侧斜坡坡度 40°~60°；沟谷切割深度 120~140 m；沟道纵坡降大，坡角 25°~30°；沟道走向为 120°。高程680~790 m。滑坡区地貌类型为中低山，山势较陡，剥蚀和堆积作用明显。地形陡峻，高差相对较大，沟谷纵坡降大，有利于大气降水的汇集，形成滑坡泥石流发育的基础条件（见图 2.36）。

图 2.36　滑坡区地形地貌

　　岩体破碎：该处岩层为砂质板岩夹千枚岩，岩石风化破碎强烈，表层残坡积层发育，构造裂缝切割破碎岩层（见图 2.37），易于地表水的渗流。高位楔形体岩石饱水后增加了岩体重量，降低了岩体抗滑强度，容易形成滑坡泥石流灾害。

图 2.37　岩体破碎

　　构造控制：滑坡区发育有断层面、节理面、层理面（见图 2.38 和图 2.39），为滑坡的形成和发生创造了有利的构造条件。

图 2.38　滑坡后壁断层面

图 2.39　节理和层理面

　　降雨诱发：2010 年 7 月 16~18 日，该地区累计降雨达
267 mm，其中 18 日 8:00~20:00 的 12 h 降雨量达 106 mm，降
雨强度属于特大暴雨类型。山体裂缝快速充水是造成滑坡
的主要原因。

2.2.3　山阳县高坝镇桥耳沟村滑坡

2.2.3.1　滑坡概况

　　2010 年 7 月 24 日 10:00，山阳县高坝镇桥耳沟村西沟
内沟岸斜坡产生三处滑坡，滑坡体滑塌至沟道内与沟水混
合形成泥石流体，泥石流沿沟道冲蚀搬运、堆积覆盖毁坏
了大量的房屋、道路等设施（见图 2.40）。据统计，此次
泥石流灾害共造成 6 人死亡、18 人失踪、5 人受伤，10 户
53 间房屋被毁，严重致危房屋有 830 间，涉及 166 户 744
人，冲毁通村水泥路 7 km、河堤 12.8 km，冲毁耕地 80 hm²
（1200 亩），电力、自来水等基础设施全部瘫痪，经济损失
超过 2 亿元。

图 2.40　桥耳沟村滑坡转化为泥石流

2.2.3.2　灾害规模

桥耳沟村西沟内斜坡产生的三处滑坡体高速滑移至沟道后，与沟水混合形成泥石流混合体流通、堆积，堆积面积约 2.5×10^4 m²，堆积厚度最大 20 m，平均 10.6 m，合计约 2.651×10^5 m³ 松散堆积物（见图 2.41）。

图 2.41 灾害堆积体

2.2.3.3 灾害发生过程

2010 年 7 月 23～24 日，山阳县遭遇百年一遇强降水袭击。24 日 4:00，西沟中下部右岸山体发生滑坡（H3），下滑方量约 8.41×10^4 m³，截断公路，阻塞西沟，雨水漫过沟道，进入村民家中和院落，少部分村民在村干部带领下进行 H3 滑坡排洪救灾、疏散工作，大部分村民还在家中排除积水。当日 10:00 左右，西沟中上部右岸山体再次发生滑坡（H1、H2），山体树木摇晃，随后伴随巨大轰鸣声，滑坡发生，下滑方量约 1.82×10^5 m³ 滑坡在高势能作用下快速下滑，冲至对岸山坡，瞬间掩埋前部的密集居民区，在滑坡的冲击力与沟道水流作用下形成泥石流（水石流），沿主沟道前移约 400 m 才停止，如图 2.42 至图 2.44 所示。

图 2.42　灾害发生过程示意图

图 2.43　滑坡 H1、H2　　　　图 2.44　滑坡 H3

2.2.3.4　灾害成因分析

地形地貌条件：西沟两侧山体斜坡坡度陡，高差大，基岩零星出露，表面风化强烈，岩石节理、裂隙发育，岩体破碎。沟域内山势陡峻，地形高差大，堆积区前缘与沟源分水岭高大于150 m，两侧山坡坡度较陡（见图2.45），平均坡度为34°，沟道纵坡平均比降170‰，区内汇水面积较大，约1.01 km²，沟道峰值水流量较大，总体坡度15°~20°，较陡的沟道为泥石流的形成提供了较好的势能条件，易于泥石流流通。

图2.45　山体陡峭

岩土体条件：沟谷岩体破碎，第四系覆盖层分布广泛，且厚度较大，土体成分复杂，粒径大小不一，结构松散，下部千枚岩风化严重，沟道南侧山体滑塌发育，坡体处于不稳定状态；坡面堆积物质松散，在水的作用下成为泥石流的物源；斜坡岩体结构破碎，风化严重，节理发育，泥质胶结，遇水易发生崩塌。在水的作用下，斜坡上岩土体混杂，松散固体物质储量 $1.596 \times 10^5 \text{ m}^3$，这为泥石流灾害的发生提供了丰富的物源（见图 2.46）。

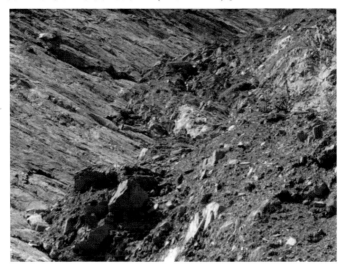

图 2.46　破碎的岩体

　　水源条件：商洛市山阳县地处陕西省东南部，降雨量丰富，并且按季节分布不均，暴雨具有历时短、降雨集中、分布零散的特点。2010 年 7 月 23～24 日的短时特大暴雨诱发了该区多起突发性地质灾害。该村 7 月 23～24 日的暴雨累计降雨量达到了199.9 mm，其中 24 日 2:00～11:00 的降雨量达 190 mm，促使特大型泥石流地质灾害产生。前期降雨使土体饱水、重度增大、稳定性降低；集中的降水引发的洪水构成了泥石流的运动载体；洪水还强烈冲蚀地表及侵蚀沟谷，促使并加剧不稳定边坡活动，增加沟内的松散堆积物参与泥石流活动。

2.2.4　佛坪县庙垭沟泥石流

2.2.4.1　泥石流概况

　　庙垭沟位于佛坪县袁家庄镇袁家庄村境内的佛坪县政

府、袁家庄村村委会后方的沟谷，为汉江上游椒溪河左岸的一条小支流（见图 2.47）。沟谷所在区域年平均降雨量大，特别是在每年的汛期期间，强降雨常会引发泥石流灾害。

2002 年 6 月 9 日，佛坪县遭遇特大暴雨，全县 34920人受灾，21191 人成灾，部分区域和行业遭受了毁灭性灾难。庙垭沟泥石流造成了房屋倒塌和道路损毁。

图 2.47　佛坪县庙垭沟位置示意图

2007 年 8 月 30 日，佛坪县遭遇连降暴雨，3 小时持续降雨达 150 mm。各条河流水位猛涨，迅速形成山洪、滑坡和泥石流灾害。全县 13000 人受灾，倒塌房屋 600 间，毁坏房屋 2000 间，淹没农田 470 hm²，造成绝收 120 hm²。灾害造成国道 108 多处垮塌，境内 3 条县乡公路全部中断，直接经济损失 5000 万元，死亡 2 人，失踪 1 人，受伤 3 人（见图 2.48 至图 2.51）。

图 2.48　2007 年 8 月 30 日泥石流涌上佛坪县城街道

图 2.49　2007 年 8 月 30 日泥石流冲进佛坪中学教室

图 2.50　块石堆积

图 2.51　损毁房屋

2018 年 8 月 14 日 15:24~17:33，佛坪县突降暴雨，县城总降水量达 39 mm，其中 1 小时降水量为 30.4 mm。短时强降雨导致泥石流爆发，洪水裹挟着泥沙和石子等杂物奔流而下，水势湍急，大量泥石流涌上街道（见图 2.52）。

图 2.52　2018 年 8 月 14 日泥石流涌上佛坪县城街道

2.2.4.2　灾害规模

庙垭沟是典型的低中山沟谷地貌，流域内最高海拔高程为 1230 m，最低海拔高程为 850 m，相对高差为 380 m；沟长 4.0 km，汇水面积为 2.5 km²；沟谷深切，地势陡峻，地形坡度大，谷坡 25°~70°，沟床平均比降为 9%，上段沟谷呈"U"形，中下段呈"V"形。这种地形条件使得泥石流能迅猛直泄，危险性大。沟道两岸谷坡有大量的第四系残坡积物和破碎岩块（见图 2.53 和图 2.54），而且崩滑等不良地质作用较发育，为泥石流的形成提供了大量的固体物源。初步概算，泥石流形成区和流通区内物源总方量约为 $895\times10^4\,\mathrm{m}^3$，泥石流形成区沟道剖面结构及物源分布特征如图 2.55 所示。

图 2.53　沟道两岸的残坡积碎石土

图 2.54　沟道两岸的残坡积土

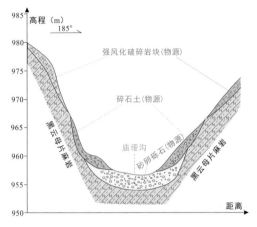

图 2.55　庙垭沟剖面结构示意图

　　堆积区位于庙垭沟下游与椒溪河交汇处的相对平缓开阔地带，为泥石流威胁对象所在区域，是居民集中居住区。区内分布有佛坪县政府、袁家庄村委会、佛坪幼儿园、家属楼、居民房屋、城区街道及国道 108 等，直接威胁资产约 5 亿元，危害程度属特大级。

2.2.4.3　灾害成因分析

　　（1）丰富的松散固体物质条件

　　庙垭沟所处的地质环境条件复杂，新构造运动抬升强烈，沟谷下切，岩体破碎，第四系松散层分布范围广且厚度较大。沟谷岸坡侧蚀严重，两岸基岩破碎，崩滑发育。流域内松散固体物质储量达 $8.95×10^6$ m^3，为泥石流的暴发提供了充足的物源条件。

　　（2）适宜的地形条件

　　从纵向上看，沿沟落差大，庙垭沟沟道全长 4 km（从分水岭至椒溪河入口处），相对高差为 380 m，平均纵比降为 9%，为泥石流的形成提供了适宜的势能条件；从横向上看，物源区呈"U"或"V"形谷，沟谷两岸地形坡度为 25°~70°，这样的地形条件有利于形成崩塌、滑坡等不良地质体；从平面上看，沿分水岭形态呈口袋状，而此形态有利于地表水的汇集。

（3）充足的水源条件

庙垭沟所在区域年平均降雨量为 958.1 mm。夏季降雨量为 505.2 mm，占全年总量的 53.7%。连阴雨平均每年 4.2 次，每次降水 5~15 天，降雨总量超过 300 mm，集中在 7~10 月。暴雨平均每年 1.8 次，最多达 6 次，一般发生在 5~10 月，集中于 7 月上旬至 9 月上旬，平均暴雨强度为 66.3 mm/d，最高降雨强度为 169.5 mm/d，且降水量随地形增高而加大。庙垭沟流域汇水面积达 2.5 km²，为泥石流的暴发提供了充足的水源条件。集中的降水造成洪水强烈地冲蚀地表及侵蚀沟谷，促使两岸不稳定边坡及破碎岩块活动，增加了沟内的松散堆积物。

（4）强烈构造运动

区内构造作用强烈，新构造运动以上升为主，河谷深切，地形陡峭，为不良地质体形成创造了良好的临空面条件。同时，沟道两岸基岩破碎、裸露，不稳定岩块崩落现象时有发生，为泥石流的形成提供了大量的物质基础。

以上四个因素相辅相成，促进了泥石流的形成和发生。

第3章
地质灾害识别、监测与防治对策

陕南秦巴山区在连续强降雨条件下极易引发滑坡、崩塌等地质灾害，对山区人员、集镇和道路交通安全构成严重威胁。区内地质灾害具有隐蔽性强、分布广和启动迅速等特征，因此，对其开展预测预警及防治工作提出了严峻的挑战。为合理有效地进行避险并制定防治措施，需解决的关键问题有：滑坡发生的可能地点、滑坡产生的原因以及如何根据监测结果提前发出预警并选取经济适用的防治手段（见图3.1）。

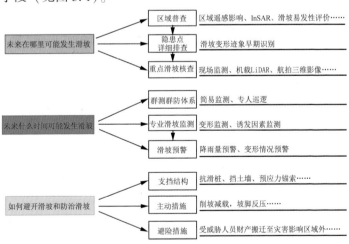

图3.1　地质灾害预测预警、防治关键问题

3.1 地质灾害识别

3.1.1 为什么要开展地质灾害隐患点早期识别

如同医生需要准确确认病人的病情才能对症下药一样，要开展高质量的地质灾害监测预警、风险管理与防治工作，首先要准确找出滑坡、崩塌等潜在地质灾害的"藏身之处"，即通过现场调查等方法，成功识别出滑坡等地质灾害的典型临滑特征，然后才能选择正确合适的方法进行防治和预警工作。

由于秦巴山区斜坡植被覆盖较好，且灾害发展演化过程较为缓慢，变形迹象不明显，因此采用传统的人工目测调查或单一手段难以实现对滑坡的准确判识。在现场调查中，应结合多种经验判断和专业监测方法对滑坡体变形和早期破坏迹象进行识别，以提高早期识别成功率。

3.1.2 滑坡早期识别经验方法与鉴别标志

当滑坡尚处于变形发展阶段但仍未完全形成时，斜坡体上可能出现不同的滑坡临滑特征，这些特征可以作为判断滑坡是否产生的关键证据，包括以下内容：

（1）滑坡后缘和侧翼出现拉张裂缝；

（2）斜坡下部土体出现鼓胀变形和伴生的多条裂缝；

（3）滑坡体上的"马刀树"或"醉汉林"；

（4）滑坡变形前不断掉落滚石等；

（5）动物反应出现异常；

（6）坡体运动导致滑坡体上的房屋局部开裂或倾斜，滑坡体上的公路在坡体变形作用下可能发生局部沉降现象，导致路面开裂和破坏。

图3.2为滑坡特征示意图。

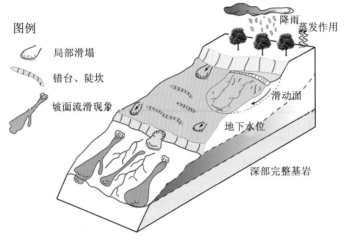

图例

局部滑塌

错台、陡坎

坡面流滑现象

降雨

蒸发作用

滑动面

地下水位

深部完整基岩

图 3.2　滑坡特征示意图

图 3.3 至图 3.6 为滑坡灾害的现场识别情况。

图 3.3　滑坡两翼出现的裂隙

图 3.4　滑坡陡坎两侧的"醉汉林"

图 3.5　局部滑塌

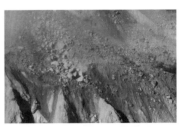

图 3.6　滑坡临滑前"飞沙走石"

3.1.3 崩塌隐患识别

崩塌主要发生在受竖向或外倾节理裂隙切割形成的岩体斜坡上，由于岩块之间受强风化结构面影响，导致结构面强度下降，在连续降雨或地震条件下容易发生岩块崩落现象。

在秦巴山区板岩及千枚岩等变质岩普遍出露的区域，由于长期风化侵蚀及复杂构造应力的共同作用，沿变质岩岩体的原生结构面极易形成节理裂隙，特别是对于高陡岩体斜坡，应特别注意坡面岩体是否为发育的节理裂隙所切割。

崩塌灾害隐患识别的经验方法与鉴别标志如下：

（1）从地貌形态上看，当岩体斜坡陡峭且坡度一般大于45度或斜坡为凹型陡坡时，为崩塌的形成提供了势能与空间。

（2）从斜坡岩体结构上看，表面岩体被与斜坡坡面方向近似平行、垂直的多组节理裂隙面切割（图3.7至图3.9），或岩体被完全贯通的裂缝所切割，被切割岩块之间的结构面强度受风化、流水侵蚀影响而显著降低，在一段时间内不断有岩块沿结构面滑落。

（3）被节理裂隙切割的破碎岩体斜坡上不断掉落大小不一的岩石块体，有时岩体内部有发生破裂的声音，表明该斜坡有发生崩塌的可能。

（4）已经发生局部崩塌的岩体斜坡，其表面岩体较为破碎，在连续降雨或工程开挖的影响下有再次发生失稳的可能。

图 3.7　剥落母体风化岩土体　　　图 3.8　风化裂隙切割岩体
形成的危岩体

图 3.9　山阳县中村镇烟家沟公路一侧由竖向节理切割形成的
大规模危岩体

3.1.4　泥石流隐患识别

　　泥石流的形成需具备以下条件：具有一定高差的深大沟谷，以便水流的汇集；沟谷内具有大量松散堆积物（见图 3.10 和图 3.11）；连续强降雨为泥石流的形成提供了水动力条件。如果具备以上条件，可判断为潜在泥石流沟。

图 3.10　镇巴县观音镇楮河村二台组泥石流沟堆积物

图 3.11　山阳县上金狮剑村狭长沟谷内堆积大量松散矿渣

3.1.5 地质灾害专业识别手段

3.1.5.1 卫星遥感影像解译与航空遥惑影像解译

卫星遥感影像解译技术，是通过卫星观测地球表面的地貌特征，通过不同解译标志识别、分析地质构造特征及地质灾害特征的方法。获取同一地质灾害发生区域不同时段的遥感影像数据，以此分析地质灾害的演化过程。目前，随着科技的不断进步，关于地质灾害遥感解译工作逐渐由传统人工解译逐渐转向自动化，智能化解译的方向。常见的滑坡解释判别标识如表4-1所示。

表4-1　滑坡解译的常见判别标识

潜在滑坡	沟谷两侧；斜坡结构面线性发育；坡体或边缘有局部滑塌。
老滑坡	圈椅状；后壁陡；坡体缓；边壁色深，坡体色浅。
新滑坡	色调浅，前缘弧形凸出，顺坡向不规则条纹。

航空遥惑影像解译技术是通过航空摄影测量技术，即采用无人机搭载高精度相机的方式对灾体进行拍摄。利用计算机设备对无人机的飞行路径进行控制，并远程操作搭载的高精度相机，可实现对具有潜在危险性和隐蔽性较好的滑坡易发地段进行多时段多角度拍摄（见图3.12和图3.13），通过对潜在滑坡区域（如后缘张拉裂隙，前缘鼓胀变形等迹象）拍摄高分辨率图片，并生成三维坡体影像数据，可更加清晰立体地展示斜坡体的变形迹象。无人机飞行过程中可帮助专业人员更加清晰立体地查看斜坡体的变形迹象和变形破坏区域，由此判断滑坡发生的可能性，该方式特别适合于植被较发育且不容易抵达拍摄地点的山区。

图 3.12　进行滑坡遥感影像解译识别

（安康市汉滨区大竹园村七堰村滑坡，影像日期：2019 年 5 月）

图 3.13　无人机俯拍滑坡生成的三维立体影像

（山阳县中村镇大型顺层岩质滑坡）

3.1.5.2 变形监测技术（重大滑坡/区域滑坡）

In-SAR 即合成孔径雷达干涉测量，In-SAR 技术是近年来发展起来的一种空间对地观测技术，结合原有的 SAR 遥感技术与射电天文干涉测量技术，通过卫星雷达向地面目标发射微波，然后接收目标的反射回波，采用差分干涉技术对比卫星在不同时间获取的同一目标观测区域的微波相位差，分析计算获取高精度地表形变信息。简单来说，就是通过卫星在不同空间位置对同一地面目标发射微波，通过分析计算得到多个目标点的高程变化，来判断该地区地表是否发生形变（见图 3.14）。

优势：精度较高，可实时连续观测。

缺点：对于规模较小或前期变形较小的滑坡并不适用。

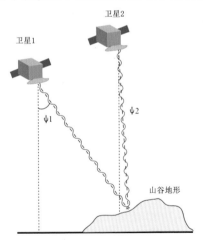

图 3.14 In-SAR 技术原理示意图

3.2 滑坡监测预警方法体系

为了及时掌握重大滑坡或滑坡易发区域的整体变形规律与稳定性情况，在滑坡达到临滑状态前发出预警信息，从而避免造成人员伤亡和财产损失，需要对潜在重大滑坡危险性区域进行长期监测或观测，以获取实时现场滑坡体变形情况。

3.2.1 滑坡群测群防体系

群测群防体系，即为了应对灾害隐患点对山区乡镇的威胁，在乡镇政府的领导下，组织辖区内企事业单位和人民群众，在自然资源部门和专业技术人员的指导下，通过政府宣传、地质灾害科普或专业培训以及建立防灾制度等手段，组织专人开展滑坡、崩塌和泥石流等地质灾害的常态性调查、巡查和简易监测，对潜在地质灾害变形迹象不断巡逻观测，以达到及时预警和主动避灾的目的（见图3.15）。

图 3.15　地质灾害科普知识培训

3.2.2 常见简易与专业滑坡监测方法

为了掌握重大滑坡或滑坡易发区域的整体变形情况，可采用监测手段对滑坡演化过程中的变形、影响因素及气象环境条件等变量进行定量监测。

3.2.2.1 简易监测

（1）埋桩法：对滑坡体上的裂缝进行观测，在斜坡上横跨裂缝两侧埋桩，用钢卷尺测量桩之间的距离，可以了解滑坡变形滑动过程（见图3.16）。

图3.16 埋桩法

（2）埋钉法：在建筑物裂缝两侧各钉一颗钉子，通过测量钉子之间的距离变化来判断滑坡的变形滑动（见图3.17）。

（3）上漆法：在建筑物裂缝的两侧用油漆各画上一道标记，通过测量两侧标记之间的距离来判断裂缝扩展情况（见图3.18）。

图3.17 埋钉法　　　　图3.18 上漆法

（4）贴片法：在横跨建筑物裂缝粘贴水泥砂浆片或纸片，如果纸被拉断，说明滑坡发生了明显变形，须严加防范（见图3.19）。

图 3.19　贴片法

裂缝报警器：对滑坡崩塌体上建筑物裂缝进行小量程位移监测（见图 3.20）。

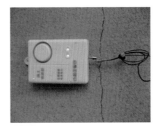

图 3.20　裂缝报警器

3.2.2.2　专业监测

图 3.21 为滑坡监测系统示意图。

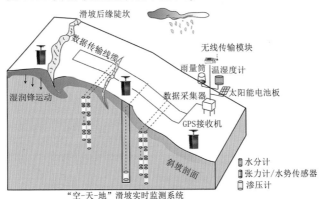

图 3.21　滑坡监测系统示意图

（1）变形监测

滑坡变形监测主要是位移监测（绝对位移和相对位移）和倾斜检测。对于滑坡绝对位移，目前主要是通过传统的大地测量法或GPS定点测量法（或采用最新北斗定位系统）对滑坡地面运动情况进行监测（见图3.22）。目前通过北斗卫星定位系统，可以了解滑坡上监测点的三维坐标的实时变化情况。卫星在不同时期跟踪这些点的高精度三维坐标

图 3.22　北斗定位系统 GPS 信号接收机

数据的实时、连续变化情况，推算出滑坡体累积变形量和变形速率等情况。根据滑坡变形速率随时间的变化所处阶段的不同，可在滑坡加速变形期做出临滑预警。

相对位移是指坡面裂缝的扩展拉张和滑坡体在滑动带附近相对于下部稳定基座发生相对运动的情况。滑坡后缘或两翼出现的拉张裂缝，可采取裂缝计或伸缩计进行测量，也是判断滑坡在初期变形过程中发展变化的重要信号。在穿越滑坡滑动带的钻孔中布设测斜仪（倾斜仪），通过对比测量滑动带下部稳定滑床和滑动带上部变形区域的相对侧向位移和倾斜角度，来判断滑坡体是否发生变形，同时可以大致确定滑动带埋深范围（见图3.23）。

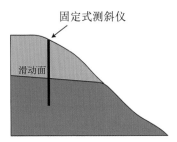

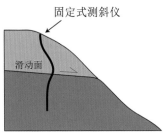

图 3.23　测斜仪变形示意图

（2）影响因素监测

降雨引发坡体含水率和地下水位变化，是触发滑坡发生的重要原因。通过监测滑坡体中含水量、地下水位的变化与外界降雨量，可分析评价不同时期坡体稳定程度的变化情况。当坡体内含水量或短时间内所遭受的降雨量值超过所设定的阈值时，就需要密切关注坡体的变形情况，并发出预警信号（见图 3.24）。

图 3.24　滑坡水文响应及气象环境监测

3.3 滑坡防治手段

滑坡正处于变形阶段时，应对滑坡采取主动应急加固措施，避免滑坡体在毫无设防的情况下对楼房、公路等设施和人民生命财产造成严重威胁。

滑坡防治措施可分为两大类。第一类方法是通过改变滑坡体几何形态，如削坡和压脚，从而改变滑坡体重量并增大抵抗滑坡发生滑动的能力，即所谓的"减载反压"或"削坡压脚"措施。也可通过减缓斜坡坡度降低驱使滑坡体下滑的内力。此外，坡面或坡体内排水也是滑坡防治工作中重要的环节，可在坡顶布设截水渠，防止雨水冲刷坡面并渗入破体内部，同时在坡体内埋设排水管。

第二类方法则需要结合岩土支挡结构，如在滑坡中下部或坡脚处构筑钢筋混凝土抗滑桩、挡土墙等结构以抵抗滑坡体下滑力。抗滑桩一般根据滑坡滑动面深度，其设计桩身应穿过滑动面到达稳定基岩处，以增大滑坡抗滑力从而起到提高滑坡稳定性的目的。

图 3.25 为支挡结构——挡墙与抗滑桩示意图。

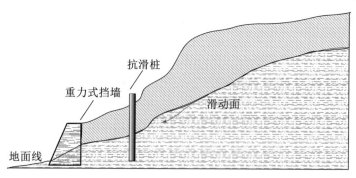

图 3.25　支挡结构——挡墙与抗滑桩示意图

图 3.26 为公路路堤与路堑边坡抗滑桩支挡结构。

图 3.26　公路路堤与路堑边坡抗滑桩支挡结构

主要参考文献

［1］秦巴山区浅表层滑坡变形破坏机理与监测预警技术研究成果报告［R］.西安：长安大学，2018.

［2］大巴山区城镇地质灾害调查瓦房店幅（I49E021002）专题研究成果报告［R］.西安：长安大学，2016.

［3］汉江中游任河流域兴隆镇幅（I49E021001）地质灾害调查与专题研究报告［R］.西安：长安大学，2017.

［4］汉江中游任河流域镇巴县幅（I49E021024）地质灾害调查与专题研究报告［R］.西安：长安大学，2018.

［5］陕西省佛坪县袁家庄镇庙垭沟泥石流治理工程可行性研究报告［R］.西安：机械工业勘察设计研究院，2012.

［6］《工程地质手册》编委会.工程地质手册［M］.5版.北京：中国建筑工业出版社，2017.

［7］Fan W., Wei Y., Deng L.. Failure Modes and Mechanisms of Shallow Debris Landslides Using an Artificial Rainfall Model Experiment on Qin-ba Mountain［J］. International Journal of Geomechanics, 2018, 18（3）: 1-13.

［8］Fan W., Lv J., Cao Y., et al. Characteristics and Block Kinematics of a Fault-related Landslide in the Qinba Mountains, Western China. Engineering Geology［J］, 2019, 249: 162-171.

［9］Fan W., Wei X., Cao Y., et al. Landslide Susceptibility Assessment Using the Certainty Factor and Analytic Hierarchy Process［J］. Journal of Mountain Science, 2017, 14（5）: 906-925.

［10］李培，范文，于国强，等．秦岭矿产资源开采区斜坡灾害发育规律与识别研究——以山阳—商南钒矿开采区为例［J］．工程地质学报，2018（5）：1162-1169．

［11］李培，范文，梁鑫，等．陕南矿产资源开采区斜坡灾害失稳模式及影响因素分析［J］．灾害学，2018（3）：20．

［12］梁鑫，范文，苏艳军，等．秦岭钒矿集中开采区隐蔽性地质灾害早期识别研究［J］．灾害学，2019（1）：38．

［13］宁奎斌，李永红，何倩，等．2000～2016年陕西省地质灾害时空分布规律及变化趋势［J］．中国地质灾害与防治学报，2018，29（1）：93-101．

［14］唐辉明．工程地质学基础［M］．北京：化学工业出版社，2017．

［15］熊炜，刘可，范文．秦巴山区浅层滑坡内动力地质成因分析［J］．地质力学学报，2018，24（3）：424-431．

［16］熊炜，范文．秦巴山区浅表层滑坡成灾规律研究［J］．灾害学，2014，29（1）：228-233．

［17］许强，汤明高，黄润秋，等．大型滑坡监测预警与应急处置［M］．北京：科学出版社，2015．

［18］张国伟．秦岭造山带与大陆动力学［M］．北京：科学出版社，2001．

［19］F. C. Dai, C. F. Lee, L. G. Tham et al. 2004. Logistic regression modelling of storm - induced shallow landsliding in time and space on natural terrain of Lantau Island, Hong Kong［J］. Bulletin of Engineering Geology and the Environment, 2004, 63（4）：315-327.

说　明

　　本书部分图片、信息来源于百度百科、科学网、新华网等科技网站，相关图片无法详细注明引用来源，在此表示歉意。若有相关图片涉及版权使用需要支付相关稿酬，请联系我方。特此声明。

编　者

2020 年 5 月